O sexo vegetal

Sérgio Medeiros

O SEXO VEGETAL

Desenhos
Fernando Lindote

Poesia
ILUMINURAS

Capa
Eder Cardoso / Iluminuras
sobre detalhe de frame do vídeo "Sem título" da
série *Quintal Adormecido* de Leticia Cardoso.

Revisão
Alexandre J. Silva

(Este livro segue as novas regras do Acordo Ortográfico da Língua Portuguesa.)

CIP-BRASIL. CATALOGAÇÃO-NA-FONTE
SINDICATO NACIONAL DOS EDITORES DE LIVROS, RJ

M438s

Medeiros, Sérgio
O sexo vegetal / Sérgio Medeiros ; desenhos Fernando Lindote. -
São Paulo : Iluminuras, 2009.
96p. : il.

ISBN 978-85-7321-309-6

1. Poesia brasileira. I. Título.

09-3524. CDD: 869.91
CDU: 821.134.3(81)-1

16.07.09 21.07.09 013883

2009
EDITORA ILUMINURAS LTDA.
Rua Inácio Pereira da Rocha, 389 - 05432-011 - São Paulo - SP - Brasil
Tel./Fax: 55 11 3031-6161
iluminuras@iluminuras.com.br
www.iluminuras.com.br

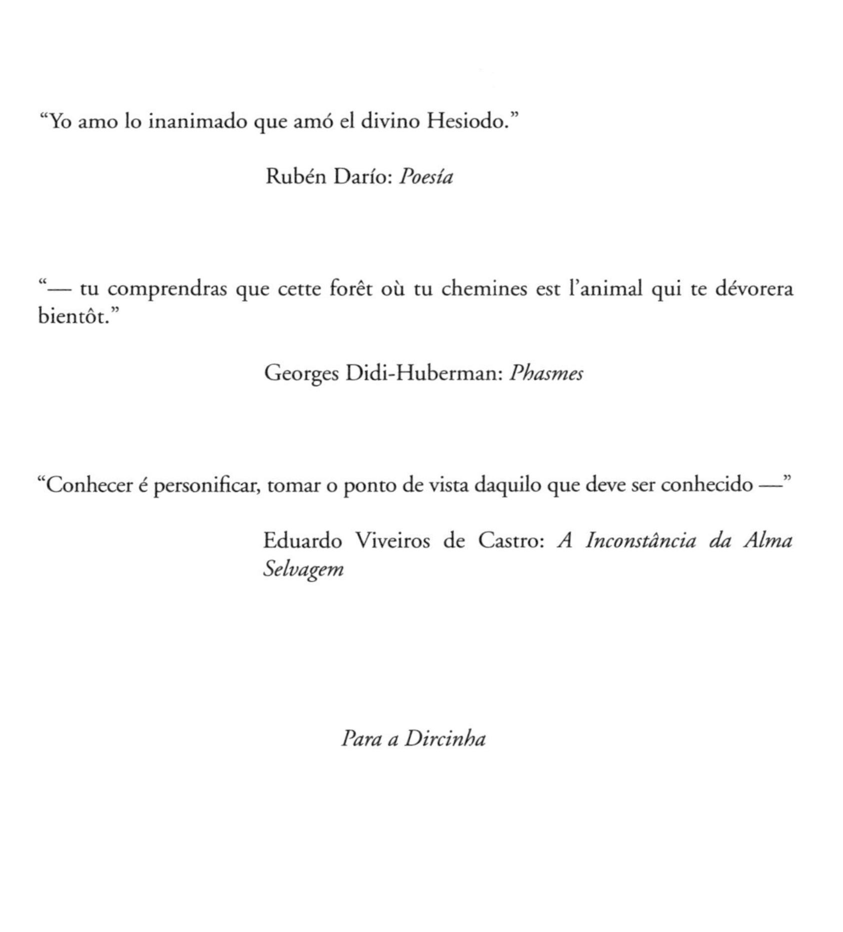

"Yo amo lo inanimado que amó el divino Hesiodo."

Rubén Darío: *Poesía*

"— tu comprendras que cette forêt où tu chemines est l'animal qui te dévorera bientôt."

Georges Didi-Huberman: *Phasmes*

"Conhecer é personificar, tomar o ponto de vista daquilo que deve ser conhecido —"

Eduardo Viveiros de Castro: *A Inconstância da Alma Selvagem*

Para a Dircinha

Índice

Prefácio: Terra & Raiz & Pedra & Água & Luz, 9

O Sexo Vegetal, 13

Epílogo: Kapoor, 91

Sobre o autor, 95

PREFÁCIO: TERRA & RAIZ & PEDRA & ÁGUA & LUZ

— Reúno aqui dois textos de inspiração indígena.

— O primeiro é também oriental.

— O segundo quer ser autenticamente ameríndio, embora mencione o "nonsense poem", um projeto político europeu. ****

**** Diante de um portão, certa folha amarela ergue três dedos grandes, como uma luva que o vento vestisse *****

***** Etc.

O SEXO VEGETAL

Glosas cosmogônicas[1]

[1] Este texto surrupiou uma frase de Myriam Ávila, uns desenhos de Fernando Lindote e um gesto de Bruno Napoleão.

...

Brasileiros e estrangeiros (profissionais e amadores) praticam ativamente o sexo vegetal em suas várias modalidades. *Não* contarei a sua história *nem* descreverei a sua ação (meu conhecimento de suas atividades eróticas não é exaustivo). Quero flagrá-los aos poucos (despretensiosamente) entre uma moita de capim e um arbusto. Nos bosques e nas pequenas florestas. Dobrados sobre canteiros de flores ou contemplando um trevo. Com um figo seco na mão. Ou sentados numa plantação de soja.

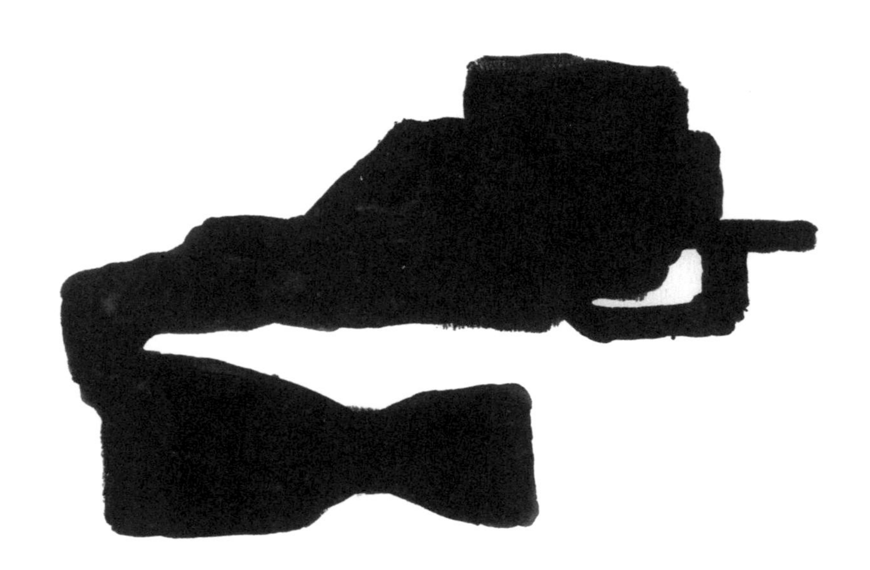

Décor

— o monte de terra tem raízes negras no cume, como chifres longos *

* é cara inchada de touro, pálida, alcoólatra

O sexo vegetal é uma cosmogonia...

Sabe-se que nos tempos antigos[1] a alma abrigara-se no mundo. Em tudo. E em todos. Homens e animais e plantas e pedras e raios. Fala-se disso nas cosmogonias.

O potencial erótico é imenso: alarga as fronteiras daquilo que é comumente considerado atividade sexual humana normal e permite erotizar plantas e árvores. Por exemplo. E animais e pedras. (Mas deste último tema não tratarei aqui e sim em outro livro por vir.)

Quando um mito traz à tona cosmogonias e cosmologias refere fatalmente uma atividade sexual desenfreada[2].

Alguns leitores (de toda estirpe) não usam senão com certo mal-estar a palavra "cosmogonia". Por isso julgo necessário me deter nela. (Ainda estamos no prefácio? No primeiro capítulo talvez?)

Uma cosmogonia não precisa ser bíblica. Nem pressupor um deus único, artífice solitário. A cosmogonia cotidiana nos convém mais: pequenos nascimentos. Devires numerosos?[3] Um gesto simples. Mínimo. A criação necessária ao nosso dia a dia. Uma pequenina recriação do mundo a cada hora. Minuto. Ou segundo.

O sexo vegetal é uma cosmogonia. Uma humilde (re)criação do mundo. Humilde e eficaz a sua maneira. Eis a questão.

[1] Cf. os mitos ameríndios.

[2] Cf. a seguinte passagem de *Histoire de Lynx*, de Claude Lévi-Strauss, onde se fala do vegetal sedutor: "(...) ce mythe raconte qu'une jeune fille qui refusait tous les prétendants dut se contenter d'une racine quand elle voulut se marier; ou bien qu'une femme occupée à récolter des racines eut envie de copuler avec l'une d'elles; ou bien encore que, perdue dans les bois et y menant une vie solitaire, elle se résigna à une telle union. Un fils lui naquit et grandit auprès d'elle."

[3] Cf. Michel Serres, *Gênese*.

Décor

— flores boiam na água e suas sombras têm uma aura clara e se movem no fundo mais levemente

— os troncos cobrem-se de olhos enormes e lançam longas hastes verdes para o alto, como cílios que são também dedos

Petites naissances...

Vamos detalhar essa cosmogonia. Vamos: no plural. Lançarei ao longo deste relato vários começos vividos por diferentes personagens. Sou apenas o narrador. Repito: vários momentos mínimos de apropriação libidinosa[1] das árvores brasileiras. Das plantas. Mas alerto: as plantas não são inocentes. Há galhos e galhos. Certo trevo argentino. Por exemplo.

Nesse sentido este relato se estrutura sobre infinitas cosmogonias. Infinitos começos. Nenhum deles situado no momento bíblico. Nem a criação do mundo nem o nascimento de Jesus serão invocados aqui. Não usarei tais referências para contar estas histórias. As origens são incessantes. Sem antes nem depois. Nossa imaginação é que *percebe* um meio e um fim onde nada disso existe de forma absoluta e incontestável.

Quem assinar comigo essa proposição poderá ler este relato cosmogônico. Estas glosas míticas.

[1] Cf. Mario Perniola, *Il Sex appeal dell'inorganico*.

Décor

— silêncio... palmas...

— apenas sombras de galhos no escorregador: descem e sobem espontaneamente, como crianças

Vários indivíduos...

Vários indivíduos visitaram um Jardim Botânico. Em São Paulo. Esses indivíduos não se falaram nem se cumprimentaram. Um deles tomou uma trilha suja e úmida e afastou os galhos com as mãos e avançou até o recesso mais fechado da mata. Ali parou e aspirou o perfume e olhou ao redor e investiu eroticamente no ambiente luxurioso. Os outros indivíduos perambularam pelas trilhas asfaltadas. Um deles se sentou num banco e leu um fragmento de Clarice Lispector[1]. Outro releu talvez Francis Ponge.

Não era sábado. Nem domingo. Era um dia qualquer. À tarde talvez.

[1] *Água viva.*

Décor

— na ausência do jardineiro, quem sobe na escada e poda os cactos amarelecidos, que eriçam o alto da casa, ao redor do teto de vidro, é a cozinheira *

* a cozinheira enche um balde de fragmentos secos, como velhos panos de chão, sujos e duros

Um casal...

Nesse mesmo Jardim Botânico (não creio que tenha sido no do Rio) um casal tomou a trilha suja e úmida. Um homem alto e uma mulher baixa. Um guarda correu atrás deles e os deteve. Disse que esse caminho era perigoso ou proibido. Não era um casal comum. O homem era jovem e a mulher velha. Muito velha. Formavam mesmo um casal? O guarda jamais soube esclarecer isso. O casal não discutiu e tomou uma trilha menos selvagem. O rapaz caminhou na frente da senhora: ela o seguiu com um sorriso singelo. Havia investido muito (pouco antes) num vegetal e numa folha grossa. Talvez naquele galho baixo que roçara sua perna.

Décor

— num quintal obscuro a rajada do ciclone espana árvores pesadas, que soam enferrujadas, duras demais

Espírito...

Uma moça nem magra nem gorda. Pedalava tenazmente numa estrada de chão nos arredores de Terenos quando viu um bosque junto a um portão fácil de abrir. Abriu o portão. Entrou no bosque caminhando. Nenhum cão ladrava: nem perto nem longe. O que era decerto raro naquela região. Sentou-se no capim. Logo se pôs de pé. Pedalou tranquilamente de volta para casa.

Em casa (quando despiu a calça) constatou que tinha as coxas cobertas de areia. Areia morena com alguns fiapos de grama. Como se tivesse rolado livremente no chão.

Não se lembrava.

Décor

— os galhos podados são deixados soltos na árvore, entre outros que os sustentam mal no ar *

* um galho pende de ponta cabeça, as folhas amarelecidas quase roçam o chão **

** um segundo galho, já marrom, seca em pé entre outros dois que lhe servem de muletas

Uma instalação...

Dois personagens em Porto Alegre: um negro norte-americano e um tipo de duende brasileiro. Mirrado.

Quando o público entra na sala principal é atacado pelo negro enfezado (e forte) que (agachado) chocalha um grande galho de árvore. Galho cheio de folhas. O galho avança abruptamente na direção das pessoas.

No fundo da sala o duende nacional segura diante de si uma mangueira azul comprida. A decepção estampada na cara.

— Secou — afirma.

Faz um gesto imponente: seu braço erguido abrange toda a galeria.

Ele repete essa fala e esse gesto várias vezes. O negro chocalha frenético o galho. As pessoas saltam para trás ou correm para o fundo da sala. Uma sala redonda.

Décor

— o tronco tem muitas línguas finas e grossas, umas sobre as outras, lambem-se noite e dia, uma de repente se dobra e pende, como enfastiada, e seca aos poucos, cáqui

O corpóreo...

— Sim. Uma coisa corpórea — disse o rapaz para si mesmo. — As árvores estavam próximas. Toquei ou quase toquei sua textura seca. Áspera. Os galhos se moveram sobre mim.

Dizendo isso ele sai do bosque. Um bosque ralo. Perto de Brasília.

O rapaz é um guarda-florestal ou um vagabundo. Ou acima de tudo alguém que — inicialmente — desejava protestar contra uma injustiça andando a pé sob o sol inclemente.

Décor

— as nuvens estufadas afundam o Continente, ou o consomem, elevando-se como espessa fumaça

Espuma...

O escritor Henri Michaux disse que pôs sobre a sua mesa uma maçã. Então ele entrou na maçã.

Quelle tranquillité!

Invadiu a maçã com o seu *corpanzil* ou foi a maçã que o "devorou"?

Areia movediça? Espuma ou esponja onde se afunda e flutua? Onde se fica também cristalizado?

É paz. Ou horror. O próprio Michaux inicialmente ficou congelado dentro da maçã: *Quand j'arrivai dans la pomme, j'étais glacé.* Em inglês isso seria: *When I arrived inside the apple, I was frozen.*

(Como será essa experiência em outras circunstâncias? Numa feira livre entra-se numa maçã que alguém amável ou odioso comprará. Ou que muitas mãos anônimas tocarão nesse mesmo dia. A maçã toma sol e se revela terrivelmente efervescente.)

James Joyce menciona o suave aroma que escapava de uma escrivaninha aberta: o cheiro de uma maçã muito madura ali esquecida. Ou de um vidro de goma arábica. Ou de lápis de cedro novos.

Décor

— as folhas mortas e submersas se aproximam mais do ralo do que as bolhas que se aglomeram na água da chuva

Lúcifer...

“Recriando Adão e Eva”: notícia de um filme de curta-metragem que não saiu do papel. Deu no *site* da Universidade.

Roteiro assinado por um professor do curso de cinema: piso coberto de areia fofa. Sobre a areia folhas secas e / ou novas. Acumuladas. Espalhadas. Num canto vassouras.

Sob uma das folhas vê-se uma cobra enrodilhada.

Alguém avança segurando uma vassoura sem ter ciência da cobra.

Poderá varrer as folhas ou simplesmente encostar a vassoura num canto remoto. Ao lado de outras abandonadas lá.

(Não sei se fiz bem em reproduzir aqui essa notícia “bíblica” — levado talvez pela reflexão anterior sobre a maçã — pois ela fere a minha intenção de não mencionar *essa* cosmogonia entre as cosmogonias pagãs que selecionei.)

Décor

— uma carroceria se afasta com geladeiras novas de inox, chocalha com violência galhos floridos, um se quebra e se balança tonto, como um osso pendente de um ombro danificado

— fazendo caricatura, as folhas pequenas se espalham no *deck* como sardas, duas folhas grandes são os olhos e o resto do rosto — longa madeira bem pregada no chão

Um casal...

O casal ia de bicicleta. Ou voltava a pé para casa. Caminhando ao lado de imensos formigueiros. Como túmulos que a vista não abarcava. Num dado momento eles se sentam lado a lado num tronco caído na beira da estrada. A moça é índia ou japonesa e o rapaz espanhol.

A garota explica que ele é feio.

Ele mal consegue balbuciar alguma coisa. Examina a máquina fotográfica.

O tronco é um ninho de formigas e a garota salta gritando.

O rapaz se levanta calmamente e passa a mão no traseiro e depois nas pernas.

A garota se despe atrás de um arbusto.

Décor

— como tição apagado, uma banana preta se afunda num cesto de lixo, entre bolinhas de papel, ou rolos rígidos de fumaça

O Rio das Mortes...

O fotógrafo espanhol conheceu o Rio das Mortes. Imaginava um rio violento. Ou sombrio. Nada transparente.

Então viajou de ônibus. Cruzou Goiás. Depois pegou carona na carroceria de uma caminhonete. No início da tarde ou da manhã viu um índio forte arrancando ou plantando mandioca.

A caminhonete parou na frente de uma choça indígena e o rapaz desceu.

O Rio das Mortes (cheio e escuro) passava a alguns metros dali: na outra margem a água lambia a mata fechada que semelhava um forte.

Um riacho desaguava no Rio das Mortes. Transparente. Folhas acumulavam-se no fundo.

Dentro do riacho pássaros mergulhadores caminhavam e engoliam peixes.

O rapaz se agachou e fotografou os pássaros e as folhas e os peixes. Um pássaro de pernas longas e finas se afastou de olho aberto entre peixes que fugiam. O pássaro entrou no Rio das Mortes e desapareceu na sua água turva. Os peixes iam e vinham na água transparente. A correnteza arrastava em silêncio algumas folhas. De repente o pássaro emergiu do Rio das Mortes com estardalhaço.

Décor

— o homenzinho de bigode traz toras longas e as lança no cimento; o cigarro aceso entre os dedos o acompanha sempre *

* com o cigarro entre os lábios, o homenzinho ergue confusamente um comprido cano branco, como se pusesse um cigarro na boca de um gigante de cócoras a sua frente

Tartarugas...

Havia quatro ou cinco bacias grandes no fundo do horto. O horto era a "floresta".

Um adolescente sentou-se numa das bacias. *Tartaruga* deitada de costas no chão do horto. Movia os braços e as pernas sem muito empenho e observava os galhos e as folhas.

Certos galhos pareciam garras e as árvores queriam levantá-lo do chão. Viam-no decerto como uma tartaruga prostrada. Não soube precisar se estavam penalizadas.

Tentou sair da bacia mas não conseguiu. A bacia girou no chão. A bacia e seu ocupante flutuaram no ar.

Os membros estavam adormecidos. Os olhos permaneceram abertos.

As árvores ululavam.

Décor

— a névoa enraíza tentáculos torcidos nos morros e cresce como grande arbusto, sedento de terra

Insetos...[1]

O fotógrafo do jornal europeu caminhava pela aldeia em busca de um padre. Era de noite. Havia tantas estrelas no céu que ele pôde ouvir algo. Às suas costas o mato estava parado. Mas seu rumor era contínuo. Porém baixo.

O céu trincou naquela hora como um para-brisa mas os pedacinhas continuaram no lugar. O mato era como o encosto do banco de um automóvel atolado. Ele se sentou no chão.

Viu uma diminuta fogueira acesa e vultos indo e vindo no pátio. Alguns índios passaram na frente da fogueira e outros atrás dela. Escuros. Iluminados.

Insetos ao redor da luz. Turvos fragmentos. Partículas de nada. Refletiam ou não a luz. A fogueira não era pura claridade. Fragmentos opacos oscilavam (oscilam e oscilarão de novo) o tempo todo em volta dela. Mato e estrelas.

[1] Rememoro aqui *Laminadas almas*, de Tunga, no Jardim Botânico, Rio de Janeiro, 2006.

Décor

— como perna solta de um inseto, a sombra da palma seca roça o formigueiro e se aconchega nele *

* pe(r)na gigantesca metida em tinteiro empoeirado

Suco...

Na tarde cálida todos se aproximaram para ver o caule da palmeira. Depois de cortado (no dia anterior?) ele fora apoiado num toco velho. Estava inclinado e exibia um orifício na parte superior. Desse orifício emanava um líquido claro. Uma freira segurava um canudo de plástico e pretendia sugar a bebida assim que o responsável (um xamã?) a convidasse a fazê-lo. Crianças pululavam como formigas em volta do caule da palmeira.

Décor

— vestido como garoto, ele puxa as folhas com a vassoura para cima dos pés, dá dois ou três passinhos para trás, puxa novamente as folhas *

* sob o braço esquerdo, o jardineiro segura firmemente um ancinho, que usará decerto, pois, indo para trás, pisa finalmente as folhas dispersas no gramado

Um totem...

De repente ele disse para a mulher algo sobre o totemismo. Ela sabia que ele gostava de fotografar bananeiras. Os japoneses plantaram uma bananeira sobre o túmulo de Bashô. Lembrou-se disso ao ouvir seu parceiro falar de totem. (A mulher parecia uma japonesa mas era provavelmente uma índia.) Porque Bashô quer dizer bananeira em japonês. Era o pseudônimo dele.

A mulher visualizou um cemitério onde os mortos teriam *pseudônimos vegetais*. Sobre cada túmulo haveria um símbolo que representaria (como a romã no romance *Il Fuoco* de Gabriele D'Annunzio) o sujeito ali enterrado. Manga para homenagear uma ascendência indiana ou asiática. Jaca para homenagear um brasileiro nato. Achou porém essas árvores grandiosas. Seria possível plantá-las num cemitério? Melancia. Coisas rasteiras... sim. Abacaxi também era possível. Bromélias. Muito interessante.

Ambos se lembraram então de terem visto bananeiras num túmulo. De um polonês no Paraná? Ou de um holandês em Alagoas? Ele pediu para dormir no seu jardim.

Lembraram-se também de que a primeira mandioca da América nascera sobre o túmulo de uma indiazinha. Um índio curioso ou espantado arrancou então a mandioca do chão.

A mulher pensou que cada corpo humano (uma vez enterrado) poderia gerar uma planta diferente. Se foi assim no começo poderá ser assim no fim.

Décor

— a terra sobe extensa e cobre-se de grandes pedras talhadas, claras, como espuma duradoura que o vento não espalha ou agita *

* a grama *não* escorre entre as pedras

Animismo...

Ela explicou o conceito para o filho contando uma história.

"Havia uma folha que tinha ideias. Desejos. Ela queria nadar no mar.

"Então aquela folha fez o que pôde para ser peixe.

"Ela quis que o vento balançasse bastante a árvore para que ela se soltasse e voasse em direção ao mar.

"De fato o vento balançou os galhos com força espantosa."

Décor

— tremendo velozmente no chão, o arbusto é exuberante porco-espinho verde prateado, feito de tiras sobrepostas, áspera pele flexível

Uma vaca...

A vaca estava faminta. Sua boca ruidosa arrancava a grama do chão. A vaca se afastou. Sua cabeça sumia no capim. A vaca parecia uma estátua naquela posição imutável. Mas ia se afastando em linha reta. Como se milhares de formigas a carregassem nas costas na direção do mato que crescia além. Aquela estátua monumental.

Arbustos a esconderam finalmente. Mas ela pastava ainda.

Décor

— a fumaça se espalha na mata, se ergue do chão como esqueleto branco desengonçado, os membros embaralhados e longos e partes arredondadas morosas

Um peixe-folha...

A folha estava no galho. O galho na árvore. A árvore no quintal. O quintal na praia. O vento às vezes era forte.

Foi então que a folha decidiu ser peixe e foi embora voando no vento.

Pousou nas pedras. O mar estava perto. Havia voado para trás ou para a frente?

Veio da praia uma rajada fria e a folha correu loucamente nas pedras do terraço. Estava num terraço? Rolou de cá para lá como carapaça vazia de um tatu. Um tatu-folha.

Quando o vento parava a folha parava: angustiava-se. Faltava-lhe ar.

Entusiasmos súbitos a faziam correr de um lado para o outro... Mas a folha sentia nitidamente que não levantaria voo. Sentia que era uma casca seca. Casca dura. Curva. Transformara-se num tatu-folha.

Pensou: como tatu-folha poderei correr por aí. Sempre rente ao chão. Então serei um caranguejo. Correrei mais. Alcançarei o mar.

Serei gelatinosa. Tatu transparente. Correrei para o fundo do mar. Depois nadarei entre os peixes. No meu cardume.

A população de tatus aumentava no terraço. As folhas secas batiam umas nas outras a cada lufada de vento marinho.

A folia era tanta...

Porém nunca se viu ou pescou um peixe-folha. Talvez.

Mas folhas grandes e pequenas boiam no mar.

Décor

— em meio a folhas coloridas, uma palma seca boia na piscina depois da chuva, como um guarda-chuva fechado, soltando fios

Nuvens...

O casal se sentou diante das folhas secas. A velha sentou-se ao seu lado. O casal tinha trabalhado duro. A velha não. Fazia calor. A velha matutava.

O fogo pegou fácil. A fumaça se avolumou e subiu se contorcendo entre os troncos altos. As folhas secas viravam cinza. A velha matutava.

E pensar que é dessa fumaça que vem a chuva!

Décor

— folhas duras, cor de tijolo esverdeado, crescem como matéria informe junto a um vaso obeso, cuja base parece se derreter como plástico aquecido

— uma ratazana feita de folhas secas está viva, o rabo tenso, (escamas de pinheiro), se curva terrivelmente nas lajotas

Selva...

Galhos altos se dobram mas não se partem sob o peso de uma macaca que pula sem parar de cá para lá entre as folhas.

Não se vê a macaca. Nunca.

Pode-se tentar chamá-la.

Suavemente? Aos gritos? Com gestos mudos?

Talvez no Acre haja um *resort* que ofereça a seus hóspedes essa experiência.

Décor

— de repente, a fumaça é uma taça bojuda, inclinada, na mata verde e azul, e se espatifa, não porque caiu, mas porque está de pé

Fuga...

O menino ouviu gritos à noite. Ergueu-se da cama. Como a janela estivesse aberta viu na casa ao lado um quarto cheio de gente. Arbustos magros diante da janela iluminada empanavam a visão. Ainda assim ele viu uma mulher pular a janela. Um homem a seguiu.

Os dois sumiram. Estariam de cócoras sob os arbustos ou teriam caído num poço fundo? O menino constatou que os arbustos magros não se moviam.

O quarto iluminado permaneceu cheio de gente.

Décor

— lusco-fusco, caules duros ganham uma frieza de cimento, no quintal da casa em construção

— entre antenas retas, só um mamoeiro torto, sem folhas, com frutas desamparadas dando a volta no seu topo, firmemente

Uma mulher deitada...

O velho chacareiro sentou-se na frente da sua casa. Era de tarde. Viu um carro se aproximar. Um homem desceu. Depois puxou para fora do carro uma mulher desmaiada. Deitou-a na grama.

O velho pegou um copo. Um galhinho ainda verde boiava na água. Ele passou o galhinho no rosto da mulher. Ela despertou. Era oriental.

O marido ou noivo nada disse.

A mulher se sentou na grama: aparentemente procurava ao redor de si um brinco ou um colar. Levou a mão ao pescoço e à orelha. Acariciou depois os talos ásperos da grama com a palma da mão.

Essa cena se passou em... Em... Em muitos lugares.

Décor

— a mangueira azul, fita mole, é largada na areia, enquanto os arbustos são drasticamente arrancados do quintal *

* a carroça leva embora folhas, galhos e raízes emaranhados, como um grande buquê seco, deixando desamarrada, no pó, a fita azul

— ao som de cascos batendo no asfalto, os galhos podados se arrastam pela rua, levados embora num trote de avestruz

O filho do mato...

Mãe e filho viajavam à noite numa carroceria aberta. Os dois estavam sentados juntos numa lona áspera e suja. A estrada era margeada de mato espesso. Mato baixo. Os faróis iluminavam os galhos entrançados.

Numa curva o mato roçou a carroceria. Noutra curva galhos empoeirados entraram na carroceria e quase feriram os braços e o rosto dos dois.

Antes da próxima curva o carro deu um pulo e a mãe disse ao filho:

"E se te deixasse no mato?"

A cada pulo que a carroceria dava o menino sentia que a mãe queria atirá-lo no mato.

Galhos não paravam de roçar a carroceria.

Como no Nunca-te-vi não houvesse luzes ele não percebeu quando o carro entrou nesse bairro adormecido.

Décor

— um estandarte destroçado e amarelo — mais amarelo que qualquer outra bananeira ao redor — apoia no muro de pedra seus pedaços enferrujados *

* como à espera de que venham levá-lo às alturas, portando seu cabo longo, intacto

Confissão...

Mulher madura de Belo Horizonte confessa: "Quando criança me espantei muito com a história de existir um mamão macho e um fêmea."

Décor

— na tarde seca, o contorno do morro eriça-se de árvores altas sem folhas, como pelos num queixo levantado *

* de bruxa, pontudo **

** às vezes também de moço, quadrado

Fé...

Prometi não tocar em Jesus. Isso foi no prefácio ou no primeiro capítulo. Mas agora que estamos avançados e chegamos ao capítulo 24 ou 26 talvez eu possa rever essa posição e dizer que "pelo fruto se conhece a árvore".

Jesus foi coerente. Depois de dizer o que disse avistou uma figueira. Ao aproximar-se dela viu que só tinha folhas. Pelo não-fruto também se conhece a árvore.

Antes de se afastar Jesus secou a figueira. Pois a imagem *real* que ele tinha daquela figueira era apenas a de uma árvore seca.

A fulminação instantânea poderia ter sido substituída pelo investimento sexual. As duas ações exigem a mesma fé.

Dirigir-se a uma figueira e não achar nela senão folhas é um bom ponto de partida. Nossa imagem *real* não será (neste caso) a cristã: cumularemos a figueira de novas folhas.

O fruto (prévio) não é realmente necessário neste tipo de *fome*.

Os frutos virão depois. Como na maioria dos matrimônios.

Décor

— onde se alimenta o gambá, num canto do quintal, concentram-se folhas grossas, vermelhas e amarelas, contorcidas, como pimentões lançados no gramado

Política...

O ato de Jesus foi político. Ele precisava olhar primeiro para a figueira: se a figueira tivesse olhado para Jesus com igual ou maior presteza ele teria ficado parado na estrada e seria refém dela. E a história da humanidade seria outra. Inimaginável. Animista? Panteísta?

Literalmente Jesus cortou o *mal* pela raiz. Para que depois não presenciasse na Terra as núpcias *aberrantes*.

Décor

— com seus galhos abastados, a nuvem se ajeita à tarde no morro, entre árvores adultas, menores e bem menos claras que ela

Parábola...

Fernando Lindote mostrou-me uma série de dez desenhos de sua autoria: vi em cada desenho uma manivela. Uma haste onde pôr a mão. Máquinas de Picabia cobertas de fuligem. Elas mesmas se sujaram de fuligem.

O que fazer agora com tais máquinas num despovoado? Mãos à obra: é o que elas parecem dizer. Ainda estão nas nossas mãos.

Essas manivelas giram? Acionam circuitos estrondosos? Talvez possam se tornar maravilhosas máquinas *nonsense* como no romance-testamento de Lewis Carroll. (O fracasso mais interessante da literatura inglesa.)

Animais estarão à espreita? Às nossas costas na floresta?

....

E se esses desenhos forem sombras ameaçadoras projetando-se nas cinzas da aldeia? Máquinas manuseadas por espíritos invisíveis? Voando autônomas e enlouquecidas e mirando e mirando e mirando?

Décor

— pousado na haste que se curva acima das outras, o pássaro lança um chamado poderoso e balança-se suavemente

A chácara...

Nos arredores de Vila Vargas um homem feriu o pé. A ferida infeccionou e ele teve de amputar a perna. (O pior é que já havia perdido a outra perna.)

Sentado numa cadeira de rodas ele capinava o quintal. Na verdade só cutucava a terra com a pá. Às vezes usava o machete para amassar o capim alto.

Era o que podia fazer. Ao lado vicejava uma plantação de soja onde às vezes um aviãozinho lançava inseticida indo e vindo em voos rasantes inúmeras vezes.

O homem gritava coisas sem sentido. A mulher ouvia um rádio tão alto que o som saía distorcido e o aparelho estremecia.

Eram muito barulhentos como todos os chacareiros da região.

Décor

— o vaso se afunda profundamente na grama como num pântano, mas lança para cima galhos longos que passam o muro de pedra do jardim

Soldados...

Os soldados caminhavam em fila indiana no mato. Aproximaram-se da sede da fazenda ao pôr do sol. As crianças perceberam a cabeça e depois o corpo de um militar em meio às moitas de capim. Atrás dele viram vários indivíduos que se movimentavam de capacete e cada capacete era como uma tartaruga que mastigasse folhas. O grupo caminhou pelo gramado sempre em fila. De repente quase todos os corpos uniformizados ficaram visíveis. As tartarugas avançavam sem pressa. O que vinha na frente era evidentemente o comandante e não sorria.

Os meninos levaram um susto.

Jamais haviam suspeitado que soldados sairiam do mato e andariam em fila no gramado como os patos que todas as tardes faziam esse trajeto quando se recolhiam para dormir.

Os patos agora corriam apressados e aos gritos na frente dos soldados.

Décor

— o monte de folhas é malfeito, formas e cores jogadas a esmo no gramado, tudo fácil de apreender: rapidamente o monte é colocado num cesto fundo, que alguém (não o jardineiro doudo) bem depressa leva embora

— há uma clareira, com cabeça bem formada e corpo ainda disforme, subindo pelo morro verde escuro

Botânica descritiva...

Uma homenagem a J.J. Rousseau

1. como vagarosa semente branca ao pôr do sol o avião se afasta do bambu mais inclinado

2. os bambus se movem e se abrem no alto / embaixo (onde descansam pássaros graúdos) estão cerrados e imóveis praticamente

3. ...

Décor

— a folha seca dobrada se move cautelosa, como se descesse um degrau no piso liso, sob a tarde fresca

O trevo, o figo e a romã

Mencionei no prefácio a palavra trevo. O trevo em questão pertence ao escritor argentino Macedonio Fernández. Num conto ele narra a saga do *cuidador de una plantita.*

Também no prefácio mencionei a palavra figo. Figo seco. O escritor francês Francis Ponge o descreveu longamente.

Mencionei no capítulo 14 ou em outro a romã do italiano Gabriele D'Annunzio.

Irei me deter inicialmente no trevo. Ele torturou barbaramente o narrador. O narrador não podia parar de olhar para ele. O trevo estava num vaso e rodava sobre si mesmo. Cada vez com mais velocidade. Então uma mulher entrou no apartamento e chutou o trevo. O vaso se espatifou e o trevo pulou de uma janela escancarada. O narrador estava tonto e fraco e caiu nos braços da mulher.

Quanto ao figo seco... ele nunca se assemelhava a um saco vazio. Não se assemelhava a nada. Parecia uma gelatina entre os dedos do narrador. A casca escorria. As sementes viraram pó e o pó flutuou no ar. O figo seco era mórbido. Um fruto saído de uma cripta muito antiga. De cerca de 1 000 anos.

Já a romã era uma moringa trincada. Artesanato. Do barro seco escorria um suco de groselha. Uma criada levantou a moringa e inclinou-a no ar. A groselha parou de escorrer. A criada transformou-se numa estátua e segurou por muito tempo a romã naquela posição.

Décor

— as folhas caídas se embolam e se arrastam nervosamente, em massa, como polpudos pedaços coloridos de tecido e estopa diante do portão escancarado

Oriente e Ocidente

Um grupo de xavantes deixou a aldeia a pé mas depois subiu num ônibus. Usavam cabelos curtos. Eram só homens. A longa viagem os levou a São Paulo. Pareciam um grupo de japoneses circunspectos.

Foram tratados como japoneses quando quiseram ser japoneses. E como índios quando quiseram ser índios.

Usavam um pedaço de madeira em cada orelha para apaziguar os paulistanos. Ou seus espíritos hostis. Não se separaram da madeira.

Voltaram juntos para o cerrado quinze dias depois.

Décor

— sementes e farelos se espalham na estrada reta como na lâmina de uma faca, enquanto arbustos amassados e apertados uns contra os outros, na beira do asfalto, semelham velhas postas congeladas

— a luz amarela surge vincada como comprido tecido recém-desdobrado atrás de troncos multiplicados na friagem

O chocalho...

O menino olha para o telhado de vidro, ergue o braço e mostra o papel que tem na mão *.

* O menino sobe as escadas e exibe sorrindo o pacotinho de sementes que ganhou nessa manhã **.

** Alguém no terraço lhe pergunta se vai plantar as sementes e sugere que é preciso comprar um vaso ***.

*** O menino se contenta por enquanto em segurar as sementes como um guizo silencioso. Ele agita o pacotinho mudo.

Décor

— as pedras se afastam da ilha, mas não sozinhas — são cegas *

* a luz clara as orienta, nesse passo delicado para mais perto da outra praia, verdejante

Palito...

Num restaurante de Rondon do Pará o velho fazendeiro retirou a sua dentadura depois de comer e palitou ali mesmo os dentes sorridentes. Grãos e fiapos voaram e pousaram a sua frente na toalha manchada de azeite. Depois ele recolocou a dentadura na boca sem se importar com os olhares que lhe eram lançados de todos os lados. Segurou o palito entre os dedos por algum tempo. Até chegar o café. Então descansou o palito no pires.

Décor

— à beira da estrada, várias caçambas novas e iguais, num alto capinzal *

* uma caçamba equilibra-se na borda de outra, como prestes a mergulhar no capinzal fundo[1]

[1] Nunca apreciei a palavra "caçamba" — em outros escritos preferi usar *container* ou caixa de entulho. Caçamba, para mim, é uma palavra-entulho, daí sua força ou fraqueza, conforme o uso que se fizer dela.

EPÍLOGO: KAPOOR*

O sol estava sujo, ou parecia, na rua e na calçada. Havia um sopro gasto e fixo ali, entre crianças deformadas.

Entramos, éramos três. Frescas sombras e claridades, como numa biblioteca imponente, com guardas. Eis que:

A névoa desce e se debate embaixo /
ou a névoa sobe e seus pés
somem, enquanto sua cabeleira,
no alto, enleia-se
na arquitetura...

O esqueleto da névoa
é como um...
vácuo longuíssimo
e, escurecendo,
se esconde no seu sopro alvo...

A névoa é um dedo
tocando o teto / ou
unha imensa de um dedo
grosso...
fincado no chão...

(Ao redor, sempre para
cima: as paredes não falam,
mas têm pomo de adão
acentuado / diante do espelho,

* Este poema poderia se chamar "Autorretrato do autor".

nossos reflexos esmigalhados voam para
todos os lados, como bandos
de pássaros velozes.)

Sobre o Autor

Sérgio Medeiros nasceu em Bela Vista (MS) e hoje vive em Florianópolis (SC). Traduziu o poema maia *Popol Vuh* e publicou *Mais ou menos do que dois*, *Alongamento* e *Totem & Sacrifício* (edição bilíngue espanhol-português), livros de poesia. Leciona literatura na UFSC.

E-mail:
panambi@matrix.com.br

Este livro foi composto em Garamond pela Iluminuras e terminou de ser impresso no dia 21 de agosto de 2009 nas oficinas da gráfica Parma, em Guarulhos, SP, em papel offset, 120g.